EL PRINCIPIO DE LOS

perezosos BEBÉS

KIM THOMPSON

CREATIVE EDUCATION • CREATIVE PAPERBACKS

CONT

ENIDO

SOY UN PEREZOSO BEBÉ.

Soy un perezoso bebé de tres dedos.
Cuenta las garras de cada pata: 1, 2, 3.

También hay perezosos de dos dedos. Puedes verlos en los zoológicos.

Mi mamá tiene solo una cría a la vez. Me lleva de paseo por el dosel de la selva tropical.

Cuando me siento valiente, me suelto de mi mamá. Extiendo las patas y agarro ramas.

Tomo la leche de mi mamá.

Luego, pruebo hojas masticadas de su boca. Esto me ayuda a aprender qué hojas se pueden comer.

Me muevo lentamente. Duermo la mayor parte del tiempo.

Después de un año, dejo a mi mamá. Estoy listo para encontrar mi propio hogar frondoso.

En mi pelaje, crecerán algas verdes.

HABLA Y ESCUCHA

¡AHH!

¿Puedes hablar como un perezoso bebé?

Los perezosos bebés chillan y chirrían.

Escucha estos sonidos:

https://www.youtube.com/watch?v=5aYnDl1MDk8

¡Ahora es tu turno!

PALABRAS DE PEREZOSO

algas: pequeñas plantas sin raíces ni tallos que crecen en lugares húmedos

dosel: capa de la selva tropical en la que se encuentran los árboles altos

garras: uñas duras y afiladas de las patas de los animales

selva tropical: un bosque espeso en zonas del mundo que siempre son cálidas y en las que llueve mucho

ÍNDICE ALFABÉTICO

PUBLICADO POR CREATIVE EDUCATION Y CREATIVE PAPERBACKS
P.O. Box 227, Mankato, Minnesota 56002
Creative Education y Creative Paperbacks son sellos editoriales de The Creative Company
www.thecreativecompany.us

CATALOGING-IN-PUBLICATION DATA ESTÁ DISPONIBLE EN LIBRARY OF CONGRESS
LCCN: 2024054111
Library Binding ISBN:9798889898634
Paperback ISBN: 9781682779033
eBook ISBN: 9798889899426

DISEÑO Y PRODUCCIÓN
Diseño por Rhea Magaro
Producción de Beeline Media and Design, Inc.
Dirección artística de Tom Morgan

FOTOGRAFÍAS de Alamy Stock Photo/Bos11, 14, imageBROKER/Moritz Wolf, 6-7, Michael S. Nolan, 9; Dreamstime/Artushfoto, 11, Isselee, 2, 4, 5, 12, Seadam, portada, 10-11; Shutterstock/Bohbeh, 13, J. Niens, 8, Mark_Kostich, 7

Impreso en los Estados Unidos de América